超级简单

元气汤

[法] 莱纳·克努森 著 [法] 理查德·布坦 摄影
张蔷薇 译

北京出版集团公司
北京美术摄影出版社

目 录

冬日暖汤

夏日靓汤

综合浓汤

异域浓汤

排毒养生汤

甜汤

注：本书食材图片仅为展示，不与实际所用食材及数量相对应

热食

咖喱南瓜汤

15 分钟

30 分钟

4 人份

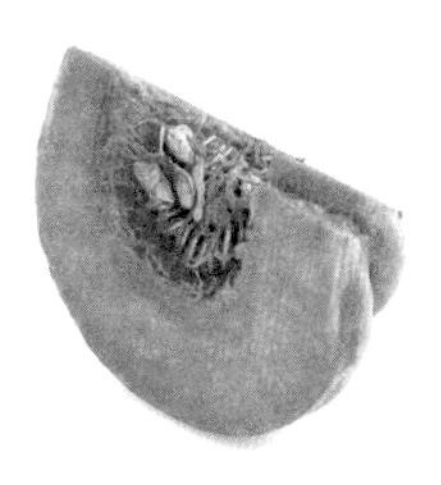

南瓜 800 克

咖喱粉半茶匙

大蒜 1 瓣

香葱半把

原汁蔬菜汤 1 升

芝麻油 2 汤匙

○ 将南瓜洗净、去皮、去子并切成小块，再将香葱洗净、切碎，大蒜去皮并对半切开。

○ 在大号平底锅内倒入芝麻油，将咖喱粉和大蒜片用文火煎炒 3 分钟。随后倒入原汁蔬菜汤和南瓜块一起煮沸，之后再用文火继续煮 25 分钟。

○ 从锅中盛出一部分汤及汤中的食材，可根据需要调整汤与食材的比例。最后加入盐和胡椒粉调味，再撒入香葱碎即可。

热食

芹菜根榛子仁汤

15 分钟

25 分钟

4 人份

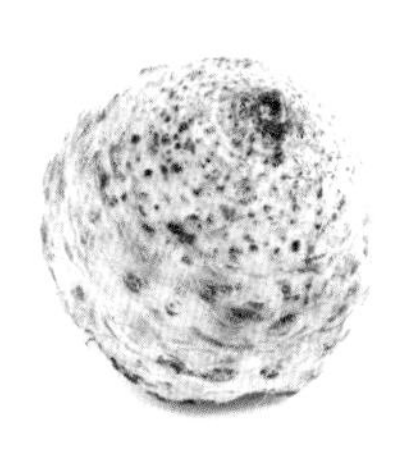

芹菜根 850 克

榛子仁 30 克

藜麦 100 克

原汁鸡汤 1 升

- 将烤箱预热至 180℃。然后将榛子仁放置在垫有油纸的烤盘上，放入烤箱烘烤 8 分钟。再将芹菜根洗净、去皮并切成小块。

- 在大号平底锅内倒入原汁鸡汤和芹菜根块，用文火微微煮沸 25 分钟。在炖煮的同时，将藜麦洗净并按照外包装上的食用说明煮熟，然后沥干水分。

- 从锅中取出一部分汤及汤中的食材，并加入盐和胡椒粉调味。最后将调制好的汤品盛入碗中，在上面均匀地撒上沥干水分的藜麦和碾碎的烤榛子仁即可。

热食

冬日暖汤

胡萝卜橙子汤

 10 分钟

 33 分钟

 4 人份

胡萝卜 750 克

橙子 2 个

原汁蔬菜汤 1 升

原味肉肠 4 根

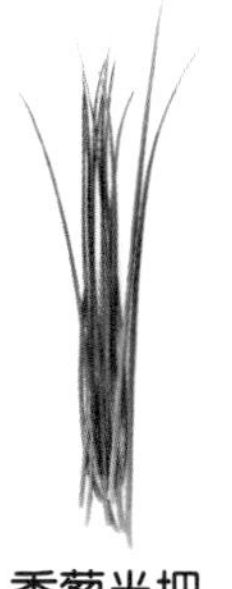

香葱半把

黄油 15 克

○ 在长柄平底锅内放入黄油，再放入原味肉肠，用文火煎 10 分钟，直至肉肠表皮变成金黄色。随后将肉肠切成圆片。

○ 将胡萝卜洗净、去皮并切成圆片，将香葱洗净、切碎，将橙子去皮，取出果肉精华。

○ 将胡萝卜片和橙子果肉一起加入到原汁蔬菜汤中，入锅煮沸，随后转成文火慢慢炖煮 20 分钟。从锅中取出 300 毫升的汤及汤中的食材，可根据个人喜好调节汤与食材的比例，接着加入盐和胡椒粉调味。

○ 最后将调制好的汤品盛入碗中，并加入肉肠片和香葱碎即可。

土豆韭葱汤

15 分钟

28 分钟

4 人份

土豆 600 克

韭葱 400 克

原汁鸡汤 1 升

埃斯普莱特辣椒粉
1 小撮

熟玉米粒半盒

橄榄油少许

- 将土豆洗净、去皮，并切成 2 厘米 ×3 厘米大小的块状。将韭葱洗净并切成细段。将熟玉米粒沥干水分备用。
- 在大号平底锅内倒入少许橄榄油并加热。
- 在锅内加入韭葱段、土豆块，以及原汁鸡汤和熟玉米粒。
- 用文火微微煮沸 25 分钟，直至土豆变得柔软、可口。
- 最后加入盐、胡椒粉和埃斯普莱特辣椒粉调味即可。

欧防风红薯汤

 5 分钟

 30 分钟

 4 人份

红薯 800 克

欧防风 300 克

原汁蔬菜汤 1 升

花生仁 4 汤匙

百里香 3 株

绿扁豆 100 克

- 将红薯和欧防风洗净、去皮并切成小块。在长柄平底锅中将花生仁炒熟。
- 在大号平底锅内倒入原汁蔬菜汤，并加入切好的红薯块、欧防风块和洗净的百里香，将其一起煮沸，然后用文火继续煮 25 分钟。在炖煮的同时，按照外包装上的食用说明将洗净的绿扁豆煮至筋道有嚼劲。
- 从锅中取出一部分汤及汤中的食材，可根据个人喜好调节汤与食材的比例，并加入盐和胡椒粉调味。
- 最后将调制好的汤品盛入碗中，加入煮好的绿扁豆和炒熟的花生仁即可。

冬日暖汤

栗子芹菜根汤

10 分钟

28 分钟

4 人份

熟栗子仁 200 克

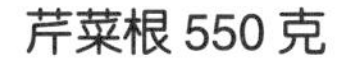
芹菜根 550 克

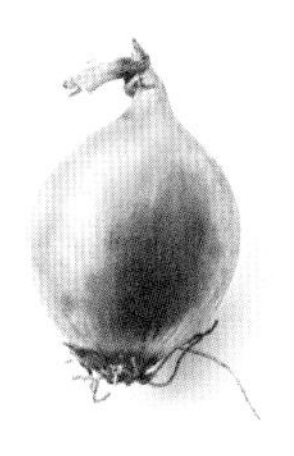
洋葱 1 头

原汁蔬菜汤 1 升

香芹 3 根

- 将芹菜根洗净、去皮并切成小块，将洋葱洗净、去皮、切碎，再将香芹洗净后切大段。
- 将原汁蔬菜汤倒入大号平底锅内，和芹菜根块一起煮沸，然后用文火炖煮 20 分钟。接着加入熟栗子仁（留出几个栗子仁切成小块备用），继续炖煮 5 分钟。
- 从锅中取出 400 毫升的汤及汤中的食材，可根据个人喜好调节汤与食材的比例，接着加入盐和胡椒粉调味。
- 将调制好的汤品盛入碗中，然后撒入香芹段和切成小块的熟栗子仁即可。

帕尔玛干酪韭葱汤

15 分钟

30 分钟

4 人份

韭葱 500 克

原汁鸡汤 1.2 升

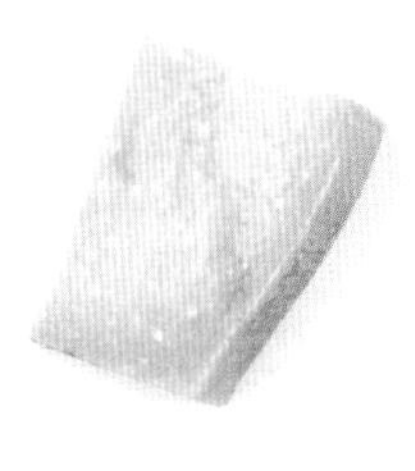
帕尔玛干酪 50 克

细叶芹 4 根

咖喱粉 1 茶匙

橄榄油少许

- 将烤箱预热至 200℃。将帕尔马干酪擦丝，倒入铺有油纸的烤盘上，并摆成 8 个圆片形状，将其放入烤箱烤制 10 分钟左右。再将韭葱清洗干净并切成薄圆片。将细叶芹洗净、切段。
- 在大号平底锅内倒入少许橄榄油、咖喱粉和切好的韭葱片，用文火炒制 5 分钟。
- 随后倒入原汁鸡汤，继续炖煮 15 分钟。再加入盐和胡椒粉调味。
- 最后将汤盛入碗内，撒上切好的细叶芹段，并搭配烤制好的帕尔玛干酪丝圆片食用即可。

奶油蘑菇汤

15 分钟

30 分钟

4 人份

蘑菇 450 克

土豆 350 克

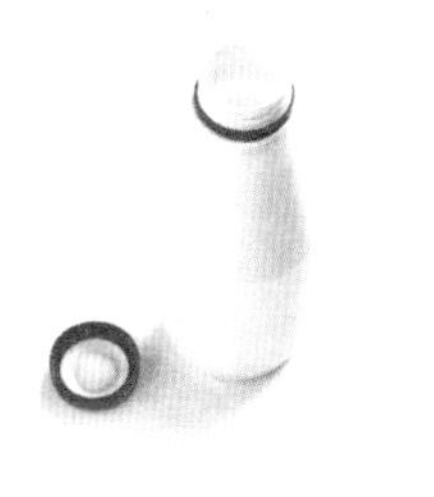

液体奶油 40 毫升

原汁鸡汤 1 升

香芹 3 根

面包 4 小片

- 将蘑菇洗净并去除根蒂，然后将每个蘑菇都切成 4 小块。接着将土豆洗净、去皮并切成小块。将香芹洗净、切段备用。
- 在大号平底锅内倒入原汁鸡汤，放入切好的土豆块和蘑菇块，煮至沸腾后，用文火继续煮 25 分钟。
- 将煮好的汤汁取出一半与液体奶油混合。
- 然后加入盐和胡椒粉调味，并可根据所需，再适量加入锅内煮好的汤汁进行调节。最后撒上香芹段，配上烤面包片食用即可。

洋葱汤

5 分钟

40 分钟

4 人份

洋葱 600 克

大蒜半瓣

第戎芥末酱 1 茶匙

原汁鸡汤 1.2 升

新鲜的百里香 5 株

黄油 30 克

○ 将洋葱洗净、去皮，并切成小薄片。将新鲜的百里香洗净备用。

○ 将黄油放入大号平底锅内，加热使其熔化。

○ 在锅内加入切好的洋葱片和用压蒜器处理好的大蒜。随后用文火煎炒 10 分钟，其间要时常翻动锅内的食材。

○ 接着加入原汁鸡汤、新鲜的百里香和第戎芥末酱，用文火继续炖煮 25 分钟。最后加入盐和胡椒粉调味即可。

迷迭香土豆汤

10 分钟

28 分钟

4 人份

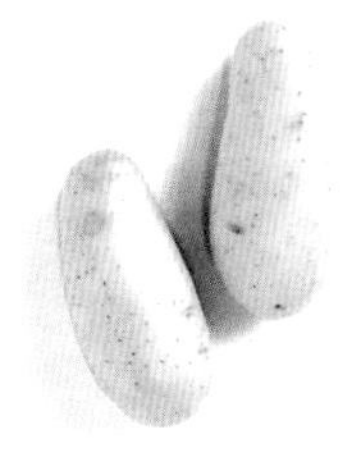
土豆 850 克

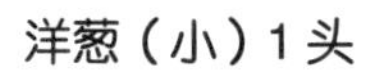
洋葱（小）1 头

原汁鸡汤 1 升

新鲜的迷迭香 3 株

橄榄油少许

- 将洋葱洗净、去皮并切成小块，将土豆洗净、去皮，然后切成 2 厘米 ×3 厘米大小的块状。
- 在大号平底锅内倒入少许橄榄油，放入切好的洋葱块，用文火翻炒 3 分钟。
- 将切好的土豆块放入锅内，随后倒入加热好的原汁鸡汤，并放入准备好的新鲜的迷迭香，继续炖煮约 25 分钟，直至土豆变得软嫩、可口。最后加入盐和胡椒粉调味即可。

清炖肉汤

 10 分钟

 30 分钟

 4 人份

小豌豆 100 克

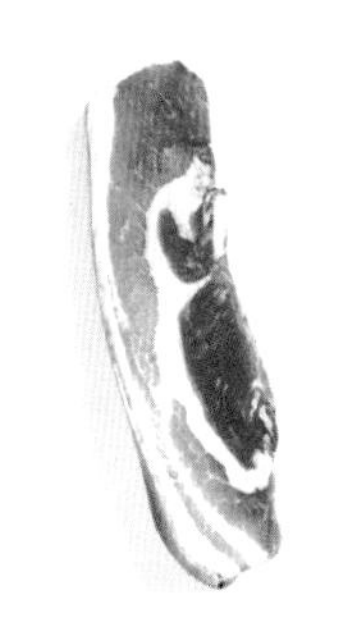
熏猪肉 300 克

细长的胡萝卜 200 克

新鲜的百里香 5 株

洋葱 1 头

原汁蔬菜汤 1 升

- 将洋葱洗净、去皮并切成薄片，将熏猪肉切成片。将细长的胡萝卜和新鲜的百里香洗净。
- 将原汁蔬菜汤倒入大号平底锅内，随后加入切好的洋葱片、熏猪肉片、细长的胡萝卜和新鲜的百里香。
- 将锅内食材一起煮沸，然后用文火继续煮 25 分钟左右。
- 在熄火出锅前 5 分钟加入小豌豆。最后再加入盐和胡椒粉调味即可。

卷心菜熏肉汤

 10 分钟

 28 分钟

 4 人份

卷心菜 600 克

熏肉丁 150 克

洋葱（小）1 头

原汁蔬菜汤 1 升

高脂奶油 40 毫升

第戎芥末酱 1 茶匙

- 在长柄平底锅内将熏肉丁煎 10 分钟，直至熏肉丁表皮变得松脆。
- 将洋葱洗净、去皮并切成小丁，去除卷心菜最外层的叶子，然后将剩下的部分洗净并切成大块。
- 在大号平底锅内倒入原汁蔬菜汤，将其煮至微微沸腾，随后加入切好的卷心菜块、洋葱丁和第戎芥末酱。将全部食材用文火一起炖煮 15 分钟，然后加入煎好的熏肉丁、盐和胡椒粉。
- 将调制好的汤品盛入碗中，如果喜欢，可以在碗内再加入一点儿高脂奶油。

卷心菜罗勒汤

10 分钟

25 分钟

4 人份

卷心菜 500 克

罗勒叶 10 片

细长的胡萝卜 100 克

原汁鸡汤 1 升

格鲁耶尔干酪丝 1 小把

面包 4 小片

○ 将细长的胡萝卜洗净，去除卷心菜最外层的叶子，然后将剩余部分洗净并切成大块备用。

○ 在大号平底锅内倒入原汁鸡汤，放入细长的胡萝卜一起煮沸，随后加入切好的卷心菜块，将全部食材用文火持续炖煮约 20 分钟。

○ 接着加入盐和胡椒粉调味，放入准备好的面包片，再撒上擦好的格鲁耶尔干酪丝和罗勒叶即可。

菜花通心粉汤

 10 分钟

 30 分钟

 4 人份

菜花 400 克

帕尔玛干酪 50 克

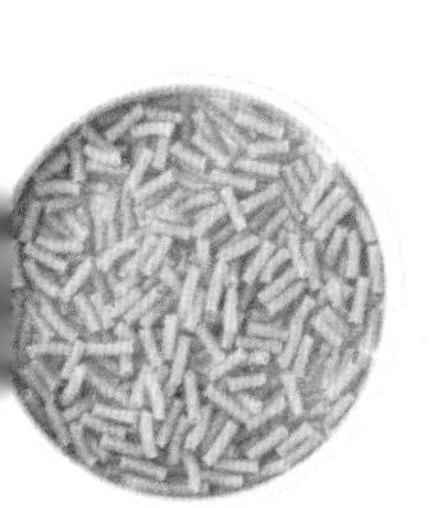

通心粉 100 克

帕尔玛火腿 4 片

原汁鸡汤 600 毫升

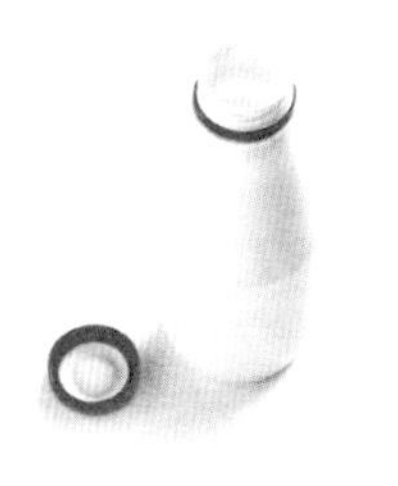

液体奶油 150 毫升

- 将烤箱预热至 180℃，将帕尔玛干酪擦丝，将菜花择成小块并洗净。
- 将帕尔玛火腿片放在垫有油纸的烤盘上，然后放入烤箱内烤制 8~10 分钟。
- 在大号平底锅内倒入液体奶油和帕尔玛干酪丝，用文火翻炒使之熔化，随后倒入原汁鸡汤、通心粉和菜花块。将全部食材煮至沸腾，并继续炖煮 15 分钟，直到菜花块熟透。加入盐和胡椒粉调味。
- 最后将煮好的食材盛入碗中，并加入松脆的帕尔玛火腿片即可。

冬日暖汤

白芸豆原汁鸡汤

5 分钟

25 分钟

4 人份

白芸豆 240 克

抱子甘蓝 300 克

原汁鸡汤 1 升

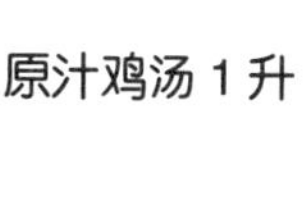
洋葱（大）1 头

橄榄油少许

香芹 4 根

- 将洋葱洗净、去皮并切成薄片，然后在长柄平底锅内加入一半的橄榄油，用中火将洋葱片翻炒 10 分钟，直至洋葱片呈金黄色，将其放在一边备用。

- 在同一长柄平底锅内倒入剩余的橄榄油，将洗净的抱子甘蓝煎至金黄，之后加入盐和胡椒粉调味。

- 在另一大号平底锅内将原汁鸡汤煮沸，随后加入煎好的抱子甘蓝和沥干水分的白芸豆。将全部食材一起炖煮 5 分钟，并加入盐和胡椒粉调味。

- 将调制好的汤品盛入碗中，撒上煎好的洋葱片和洗净并切好的香芹段即可。

意式方饺南瓜汤

10 分钟

35 分钟

4 人份

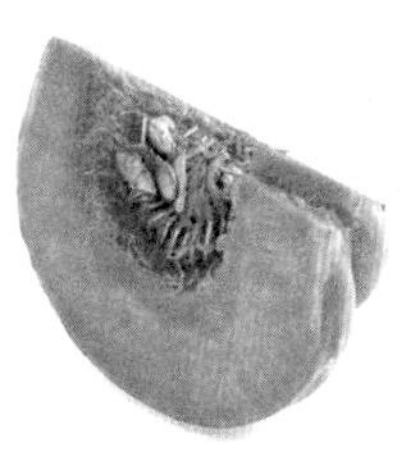

南瓜 1 千克

意式方饺 4 盒

香葱半把

格鲁耶尔干酪丝 1 把

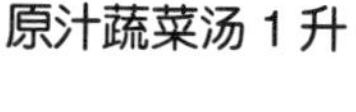

原汁蔬菜汤 1 升

洋葱 1 头

- 按照外包装上的食用说明将意式方饺煮熟并沥干水分。
- 将南瓜洗净、去皮、去子并切成小块，将香葱洗净、切碎，再将洋葱洗净、去皮、切碎。
- 在大号平底锅内倒入原汁蔬菜汤，加入切好的洋葱碎和南瓜块，将食材一起煮沸，并用文火持续煮沸 25 分钟。从锅中取出一部分汤及汤中的食材，可根据个人喜好调节汤与食材的比例。
- 最后加入盐和胡椒粉调味，再放入煮好的意式方饺、香葱碎和格鲁耶尔干酪丝即可。

热食

肉肠胡萝卜汤

10 分钟

25 分钟

4 人份

原味肉肠 3 根

速冻小豌豆 100 克

胡萝卜 400 克

带叶子的小洋葱 2 棵

原汁蔬菜汤 1 升

帕尔玛干酪 50 克

○ 将黄油放入长柄平底锅内，然后加入原味肉肠，用文火将原味肉肠煎 8~10 分钟，直至其呈金黄色，将其取出切成圆片。

○ 将带叶子的小洋葱洗净、切碎，再将帕尔玛干酪擦丝，将胡萝卜洗净、去皮，并用切片器将其切成细长的薄片。

○ 将准备好的原汁蔬菜汤倒入另 1 口大号平底锅内，并煮沸。然后加入胡萝卜片炖煮 8 分钟。再加入原味肉肠片、洗净的速冻小豌豆和带叶子的小洋葱碎，一起炖煮 5 分钟。最后加入盐和胡椒粉调味，将食材盛入碗中，再撒上帕尔玛干酪丝即可。

苹果芹菜根汤

10 分钟

35 分钟

4 人份

苹果 2 个

芹菜根 700 克

原汁蔬菜汤 1 升

细叶芹 4 根

帕尔玛干酪 25 克

○ 将帕尔玛干酪擦丝，倒入铺有油纸的烤盘上，并摆成 8 个圆片形状，然后将其放入已预热至180℃的烤箱内烤制 10~12 分钟。将苹果洗净、去皮并切块，接着将芹菜根洗净、去皮后切成小块。

○ 在大号平底锅内依次放入原汁蔬菜汤、准备好的芹菜根块和苹果块，将全部食材煮沸并用文火炖煮 20 分钟。从锅中取出 400 毫升的汤及汤中的食材，可根据个人喜好调节汤与食材的比例，然后加入盐和胡椒粉调味。

○ 最后将调制好的汤品盛入碗中，撒上切好的细叶芹段，并配上烤制好的帕尔玛干酪丝圆片即可。

豌豆芹菜根汤

15 分钟

25 分钟

4 人份

速冻小豌豆 450 克

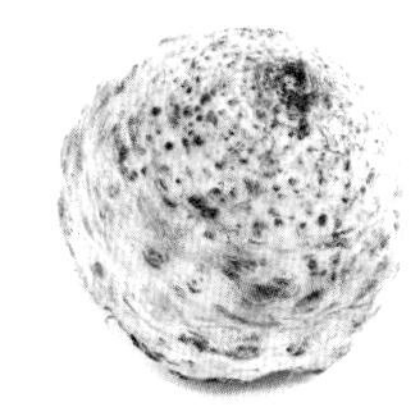

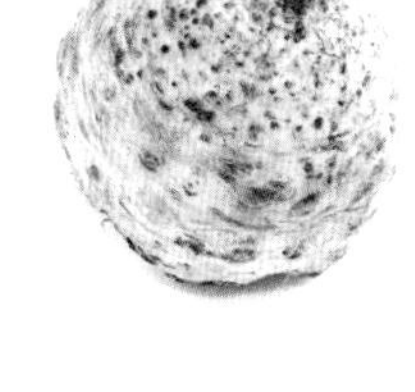

芹菜根 400 克

薄荷叶 10 片

费塔奶酪 60 克

原汁蔬菜汤 1 升

橄榄油少许

- 将芹菜根洗净、去皮并切成小块，再将费塔奶酪切成碎屑，将薄荷叶洗净、切碎。
- 在大号平底锅内倒入原汁蔬菜汤，加入切好的芹菜根块一起煮沸，然后用文火继续煮 20 分钟。关火前 5 分钟加入洗净的速冻小豌豆（留出 50 克左右的速冻小豌豆备用）。
- 从锅中取出 250 毫升的汤及汤中的食材，可根据个人喜好调节汤与食材的比例。接着加入盐和胡椒粉调味。最后将调制好的汤品盛入碗中，再加入费塔奶酪碎、备用的 50 克速冻小豌豆、薄荷叶碎和少许橄榄油即可。

意式蔬菜肉汤

5 分钟

30~35 分钟

4 人份

细长的胡萝卜 300 克

通心粉 80 克

帕尔玛火腿 4 片

菠菜叶 1 把

帕尔玛干酪丝 4 汤匙

原汁蔬菜汤 1 升

○ 将帕尔玛火腿片摆放在覆盖有油纸的烤盘上，然后将其放入已预热至 180℃的烤箱内，烤制 10~15 分钟。将细长的胡萝卜洗净并去皮。

○ 在大号平底锅内倒入原汁蔬菜汤和细长的胡萝卜，将其一起煮沸。然后用文火继续煮 5 分钟，再加入通心粉，继续煮 10 分钟。接着加入菠菜叶煮 2 分钟。

○ 最后加入松脆的帕尔玛火腿片、盐和胡椒粉，并撒上帕尔玛干酪丝即可。

夏日靓汤

番茄黄瓜凉汤

10 分钟

18 分钟烹饪，2 小时冷藏

4 人份

番茄 1 千克

青椒 1 个

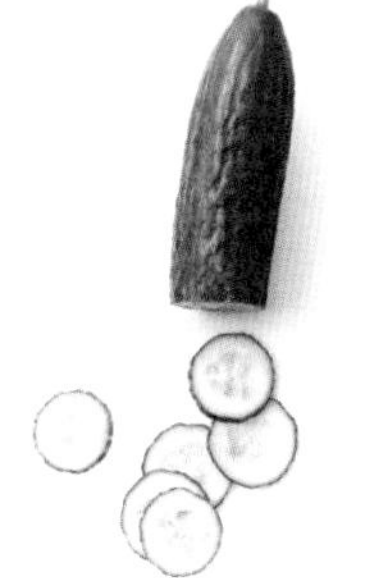
黄瓜（小）1 根

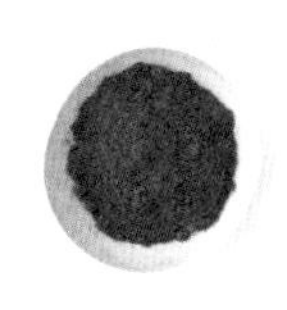
孜然粉 1 茶匙

苹果醋 1 汤匙

大蒜（小）2 瓣

○ 将所有蔬菜洗净、去皮，将番茄切成小块，将黄瓜和青椒切成小丁，再将大蒜去皮、切片。

○ 在大号平底锅内倒入番茄块和大蒜片，将其煮沸后用文火继续煮 15 分钟。

○ 将煮好的番茄汤、少许青椒丁、孜然粉和苹果醋混合，再将混合好的食材一起倒入 1 只大玻璃碗中，并在碗中加入 200 毫升的水，然后将碗放入冰箱保鲜冷藏 2 个小时。

○ 取出冷藏好的汤，加入盐和胡椒粉调味，然后将其盛入小碗中，并撒上黄瓜丁和剩余的青椒丁即可。

罗勒橄榄番茄汤

5 分钟

拌匀且冷藏 1 小时

4 人份

番茄 1 千克

去核的青橄榄 50 克

大蒜半瓣

罗勒叶 10 片

法式长棍面包 4 片

橄榄油少许

- 将番茄洗净并去皮，然后将其切成块状。将去核的青橄榄洗净。
- 将切好的番茄块和去核的青橄榄、去皮并切好的大蒜碎末、几片洗净的罗勒叶、少许橄榄油混合，加入盐和胡椒粉调味。随后将其放入冰箱冷藏 1 个小时。
- 将剩余的罗勒叶洗净、切碎，之后取出冷藏好的食材，将其盛入碗中，并撒上罗勒叶碎，再配以切好的法式长棍面包片即可。

费塔奶酪番茄茴香汤

15 分钟

25～30 分钟烹饪，2小时冷藏

4 人份

番茄 1 千克

番茄酱 70 克

汁蔬菜汤 500 毫升

茴香 300 克

费塔奶酪 60 克

香葱半把

- 将番茄洗净、去皮并切成小块，将茴香洗净后切成小块，再将香葱洗净、切小段，将费塔奶酪擦成碎屑备用。
- 在大号平底锅内加入番茄块，然后倒入番茄酱和切好的茴香块，将锅内食材一起煮沸，并用文火继续煮 20~25 分钟。
- 将煮好的食材盛出后，与原汁蔬菜汤混合，可根据个人喜好调节汤与食材的比例。然后加入盐和胡椒粉调味，再将调制好的汤品放入冰箱冷藏至少 2 个小时。最后取出汤品并将其盛入碗中，搭配上费塔奶酪碎和切好的香葱段即可食用。

凯瑞奶酪菠菜汤

 5 分钟

 20 分钟

 4 人份

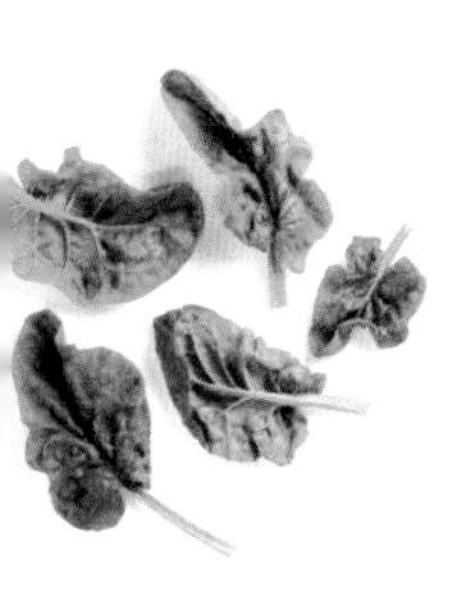

菠菜 400 克

凯瑞奶酪 8 份

藜麦 150 克

原汁鸡汤 1 升

杏仁片 4 汤匙

○ 将烤箱预热至 180℃，将杏仁片放在垫有油纸的烤盘上，放入烤箱烤制 5 分钟。将藜麦洗净，然后按照外包装上的食用说明煮熟，并沥干水分备用。

○ 在煮藜麦的同时，在大号平底锅内倒入原汁鸡汤和洗好的菠菜，一起煮 5 分钟。取出一多半的汤汁，将其与凯瑞奶酪混合，再加入盐和胡椒粉调味。

○ 将调制好的汤品盛入碗中，再撒上煮熟的藜麦和烤制好的杏仁片即可。

朝鲜蓟奶油汤

15 分钟

10 分钟

4 人份

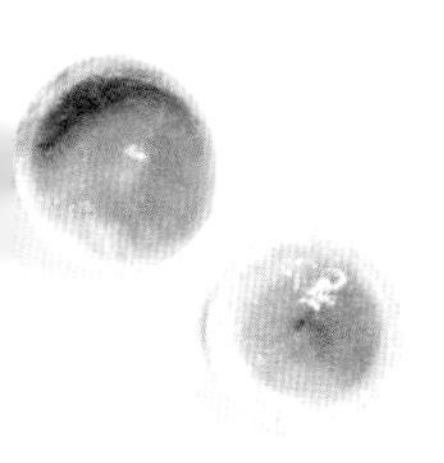
速冻朝鲜蓟 500 克

原汁鸡汤 1 升

干白葡萄酒 50 毫升

高脂鲜奶油 2 汤匙

新鲜香芹 3 根

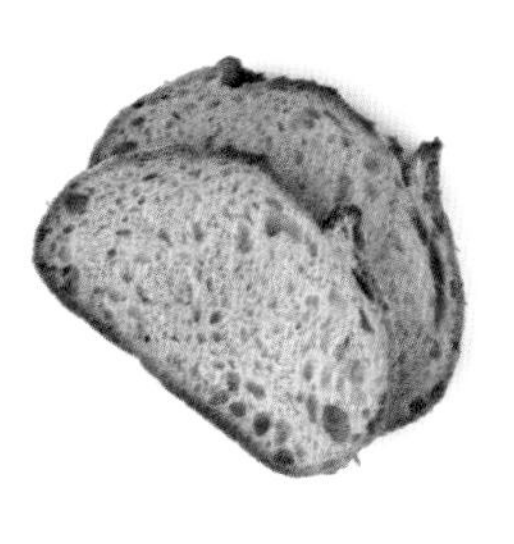
面包 4 片

- 将面包片烤好并切成小方块，再将速冻朝鲜蓟自然解冻，然后去除外皮，只留下最底部食材（主要指花瓣的根部），切块备用。

- 在大号平底锅内倒入原汁鸡汤、干白葡萄酒和切好的朝鲜蓟块，将锅内食材一起煮沸。随后继续煮 5 分钟。接着从锅中取出一部分汤及汤中的食材，可根据个人喜好调节汤与食材的比例，然后加入盐和胡椒粉调味。

- 将调制好的汤品盛入碗中，撒上洗净并切好的新鲜香芹碎和烤好的面包块即可，还可依个人喜好加入高脂鲜奶油一起食用。

罗勒酸模汤

15 分钟

33 分钟

4 人份

速冻酸模菜 400 克

洋葱（小）1 头

土豆 400 克

原汁蔬菜汤 1 升

罗勒叶 10 片

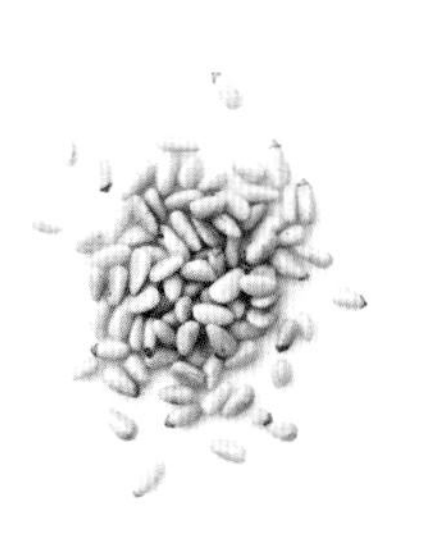

松子仁 4 汤匙

○ 将速冻酸模菜解冻，将松子仁放入平底锅内，用中火煎炒 4~5 分钟，直至其变得松脆。然后将土豆和洋葱洗净、去皮，并切成小块备用。

○ 在大号平底锅内依次倒入准备好的原汁蔬菜汤、切好的土豆块和洋葱块，然后将全部食材一起煮沸，并继续炖煮 25 分钟。

○ 从锅中取出一部分汤及汤中的食材，可根据个人喜好调节汤与食材的比例。

○ 最后加入盐和胡椒粉调味，再撒入罗勒叶和炒好的松子仁即可。

热食或者冷食

香蒜浓汤

15 分钟

10 分钟

4 人份

罗勒 1 大把

帕尔玛干酪 50 克

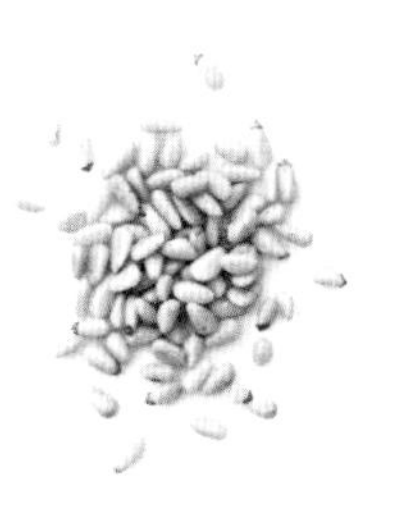
松子仁 50 克

橄榄油 120 毫升

大蒜（小）1 瓣

原汁蔬菜汤 600 毫升

- 用长柄煎锅将松子仁煸炒 4 分钟，然后将帕尔玛干酪擦丝，大蒜去皮、切碎，再将罗勒洗净，切成大段备用。
- 将部分罗勒段、橄榄油、大蒜碎、大部分松子仁和 40 克帕尔玛干酪丝均匀混合，然后加入盐和胡椒粉调味，制成香蒜汤料备用。将原汁蔬菜汤煮沸，并取出一部分汤倒入做好的香蒜汤料中。可以通过再次加入煮沸的原汁蔬菜汤来调节汤的口味。
- 最后将调制好的汤品盛入碗中，撒上剩余的帕尔玛干酪丝、松子仁和罗勒段即可。

热食

西葫芦蒜泥浓汤

5 分钟

20 分钟

4 人份

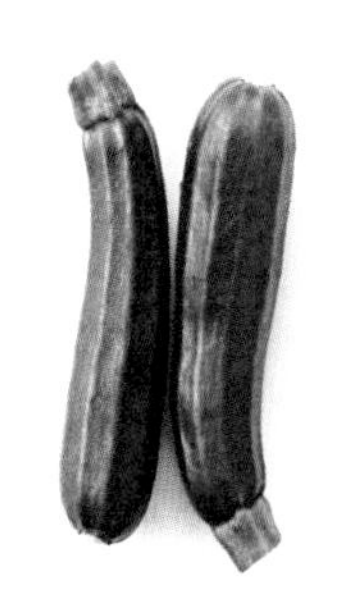

西葫芦 1 千克

原汁蔬菜汤 1 升

蔬菜蒜泥 4 汤匙

高脂鲜奶油 60 毫升

细叶芹 4 根

- 将西葫芦洗净并切成圆片，在大号平底锅内分别放入原汁蔬菜汤和切好的西葫芦片，将其一起煮沸，然后用文火继续煮 15 分钟，直至蔬菜熟透。
- 从锅中取出约 200 毫升的汤及汤中的食材，可根据个人喜好调节汤与食材的比例。然后加入盐、胡椒粉和高脂鲜奶油，并搅拌均匀。
- 将调制好的汤品盛入碗中，并在每只碗里分别加入 1 汤匙蔬菜蒜泥，然后撒上切好的细叶芹碎即可。

普罗旺斯浓汤

10 分钟

25 分钟

4 人份

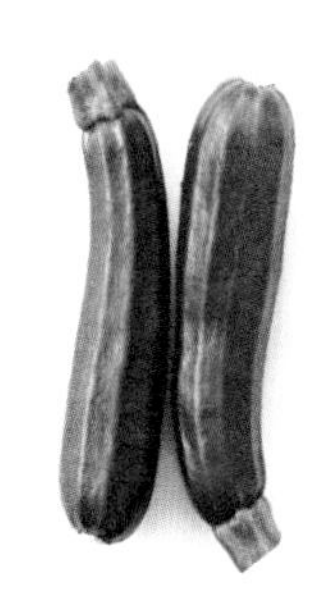

西葫芦 900 克

茄子 1 个

费塔奶酪 40 克

普罗旺斯香草 2 茶匙

橄榄油少许

原汁蔬菜汤 1 升

- 将茄子清洗干净并切成小块。将切好的茄子块摆放在盘中，淋上橄榄油，并加入盐和胡椒粉调味，然后将其放入已预热至 180℃的烤箱中烤制 25 分钟。将西葫芦洗净并切成圆片。

- 在大号平底锅内倒入原汁蔬菜汤和切好的西葫芦片，一起煮沸，然后用文火继续煮 20 分钟。从锅中取出 200 毫升的汤及汤中的食材，可根据个人喜好调节汤与食材的比例。接着加入普罗旺斯香草、盐和胡椒粉调味。

- 将调制好的汤品盛入碗中，撒上擦好的费塔奶酪碎和烤好的茄子块即可。

酸奶黄瓜汤

5 分钟

拌匀且冷藏 1 小时

4 人份

黄瓜 2 根

酸奶 2 杯

小茴香 6 根

橄榄油少许

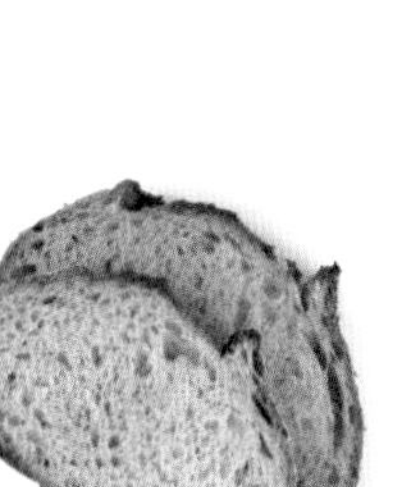
面包片若干

○ 将黄瓜洗净并切成小丁。

○ 将切好的黄瓜丁、酸奶、2 根小茴香和一半的橄榄油均匀混合，并加入盐和胡椒粉调味。随后将食材放入冰箱保鲜冷藏 1 个小时。

○ 从冰箱中取出冷藏好的汤，将其倒入碗中，撒上剩余的小茴香，再淋上余下的橄榄油，配以面包片食用即可。

孜然牛油果柠檬汤

 15 分钟

 拌匀且冷藏 2 小时

 4 人份

黄瓜 2 根

牛油果（小）2 个

孜然粉 1 茶匙

青柠檬 1 个

薄荷 3 株

橄榄油少许

○ 将黄瓜洗净、去皮并切成小块。将牛油果对半切开，然后去皮、去核，取果肉切成块。将青柠檬挤压出汁，择取 10 片薄荷叶，将其洗净并切碎。

○ 将切好的黄瓜块和牛油果块倒入搅拌机内，搅拌均匀，然后放入柠檬汁、孜然粉和一部分薄荷叶碎，再倒入 350 毫升水混合，其间可根据个人喜好调节汤与食材的比例。随后将做好的汤品放入冰箱保鲜冷藏 2 个小时。

○ 取出冷藏后的汤品，将其倒入碗中，并加入剩余的薄荷叶碎和少许橄榄油，即可食用。

热食

鼠尾草芦笋汤

15 分钟

30 分钟

4 人份

白芦笋 900 克

鼠尾草 4 株

速冻小豌豆 80 克

原汁蔬菜汤 1 升

帕尔玛干酪 30 克

- 将白芦笋洗净、去皮，切除根部后切成片。将帕尔玛干酪擦丝。然后将洗净的速冻小豌豆放入沸水中煮 5 分钟盛出，并沥干水分。
- 在大号平底锅内放入原汁蔬菜汤、鼠尾草和切好的白芦笋片。将锅内全部食材煮沸并用文火继续煮20分钟，直至白芦笋片熟透。
- 从锅中取出 200 毫升的汤及汤中的食材，可根据个人喜好调节汤与食材的比例。最后加入煮好的小豌豆和帕尔玛干酪丝，再撒入盐和胡椒粉调味即可。

热食或者冷食

绿色萝卜汤

20 分钟

5 分钟

4 人份

原汁蔬菜汤 600 毫升

香芹半把

牛油果 2 个

芝麻菜 1 大把

柠檬 1 个

红萝卜 4 个

○ 将柠檬榨汁备用，然后将芝麻菜和香芹洗净，再将牛油果洗净、对半切开、去皮、去核，并将果肉切块。接着将红萝卜洗净，切成薄片。

○ 将原汁蔬菜汤倒入锅中煮沸。将牛油果块、3 汤匙柠檬汁、香芹、芝麻菜（需单独留出几根放在一旁备用）和 500 毫升煮沸的原汁蔬菜汤一起放入搅拌机中，搅拌均匀。接着在其中加入盐和胡椒粉调味，可根据需要适量加入剩余的原汁蔬菜汤来调节浓度。

○ 最后将调制好的汤品盛入碗中，加入切好的红萝卜片和备用的芝麻菜即可。

胡萝卜苹果汤

 10 分钟

 30~35 分钟

 4 人份

胡萝卜 700 克

苹果 1.5 个

原汁蔬菜汤 1 升

南瓜仁 4 汤匙

○ 将胡萝卜洗净、去皮并切成薄片。将苹果洗净后去皮，切成大块。将南瓜仁倒入长柄煎锅中，用中火干炒 6~8 分钟。

○ 在大号平底锅内放入原汁蔬菜汤、切好的胡萝卜片和苹果块，将其一起煮沸。随后转文火继续煮 20~25 分钟，直至蔬菜熟透。

○ 从锅中取出 250 毫升的汤及汤中的食材，可根据个人喜好调节汤与食材的比例，然后加入盐和胡椒粉调味，再撒上炒好的南瓜仁即可。

辣味香肠荷兰豆汤

10 分钟

10 分钟

4 人份

白芸豆 240 克

荷兰豆 100 克

红椒 1 个

西班牙辣味香肠 50 克

玉米罐头 200 克

原汁鸡汤 1 升

- 将红椒清洗干净并切成长条。然后将西班牙辣味香肠切丁。将白芸豆洗净，将其与玉米一起沥干水分备用。

- 在大号平底锅内倒入原汁鸡汤，接着放入切好的红椒条和西班牙辣味香肠丁，将其一起煮沸。然后加入洗净的荷兰豆、玉米和白芸豆，用文火继续煮 5 分钟。最后加入盐和胡椒粉调味即可。

综合浓汤

扁豆火腿芦笋汤

5 分钟

25 分钟

4 人份

白芦笋 700 克

帕尔玛火腿 4 片

红扁豆 80 克

原汁蔬菜汤 1 升

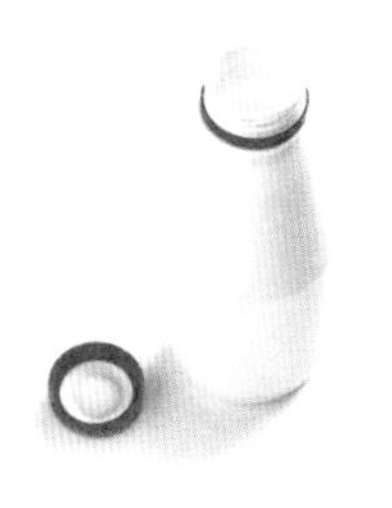

液体奶油 150 毫升

香芹 3 根

○ 将白芦笋洗净、去皮，将剩余部分切成圆片。接着将原汁蔬菜汤和切好的白芦笋片一起煮沸，之后转文火继续煮 20 分钟。在炖煮的同时，按照外包装上的食用说明将洗净的红扁豆煮熟。

○ 将帕尔玛火腿片放在铺有油纸的烤盘上，然后将其放入已预热至 200℃的烤箱中烤制 15 分钟。

○ 将香芹洗净、切碎，然后从锅中取出 300 毫升的汤及汤中的食材，在其中加入一部分香芹碎、液体奶油，再加入盐和胡椒粉调味。将调制好的汤品盛入装有红扁豆的碗中，并加入松脆的帕尔玛火腿片和剩余的香芹碎即可。

西蓝花三文鱼汤

15 分钟

25~30 分钟

4 人份

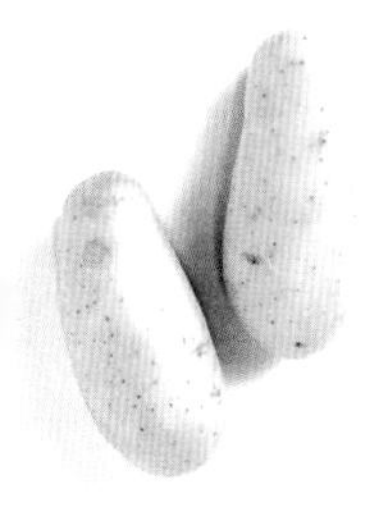

土豆 700 克

西蓝花 400 克

原汁蔬菜汤 1 升

三文鱼鱼排 250 克

香葱半把

芝麻油 3 汤匙

○ 将土豆洗净、去皮后切成小块。将西蓝花择成小块后洗净。然后将三文鱼鱼排洗净并切成 4 段，将香葱洗净、切碎。

○ 在大号平底锅内倒入原汁蔬菜汤和土豆块，将其一起煮沸，并转文火继续煮 12~15 分钟。用漏勺将土豆块盛出来备用。将三文鱼鱼排段倒入汤中煮 9 分钟，在熄火前 5 分钟加入西蓝花一起炖煮。

○ 最后将做好的汤品盛入碗中，加入盐和胡椒粉调味，再撒上切好的香葱碎并淋上芝麻油即可。

奶油贻贝汤

10 分钟

20～25 分钟

4 人份

贻贝 1 千克

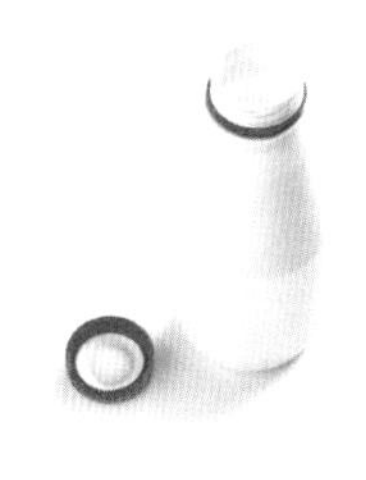

液体奶油 150 毫升

香芹 5 根

洋葱 1 头

干白葡萄酒 300 毫升

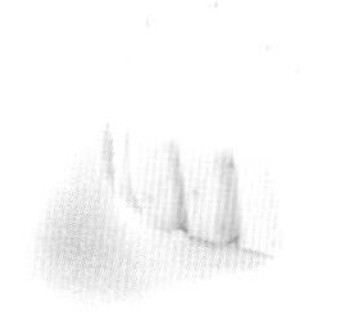

黄油 60 克

- 将洋葱洗净、去皮后切成薄片。然后将香芹洗净、切碎，再将贻贝清洗干净。
- 在大号平底锅内倒入 1 升水煮沸，再倒入清洗好的贻贝，煮 5~8 分钟。然后用漏勺取出煮好的贻贝。
- 将黄油放入平底煎锅中，开文火，将洋葱片煸炒 5 分钟。然后倒入干白葡萄酒，继续煸炒，直至锅中的汤汁减少一些，接着倒入 400 毫升煮贻贝的水，再加入液体奶油、香芹叶碎和煮好的贻贝，放入盐和胡椒粉调味。最后继续用文火煮约 5 分钟即可。

藏红花扁豆鳕鱼汤

5 分钟

20 分钟

4 人份

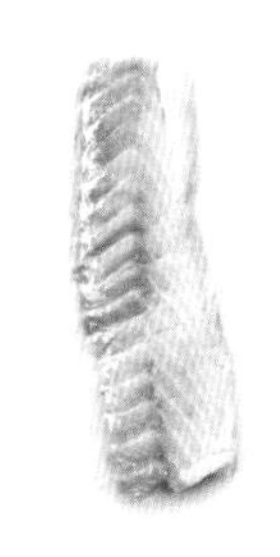

鳕鱼鱼排 400 克

藏红花 1 包

白葡萄酒 100 毫升

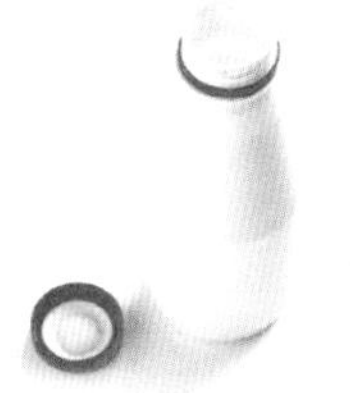
液体奶油 150 毫升

鱼肉高汤 800 毫升

绿扁豆 80 克

○ 将鳕鱼鱼排洗净并切成 4 段，然后按照外包装上的食用说明将洗净的绿扁豆煮熟。

○ 在煮绿扁豆的同时，将鱼肉高汤倒入大号平底锅中煮沸，然后倒入干白葡萄酒煮 5 分钟，直至锅内汤汁稍微减少一些。加入液体奶油和藏红花，搅拌均匀，再放入切好的鳕鱼鱼排段，用文火炖煮 9~10 分钟，直至鱼肉呈薄片状，加入盐和胡椒粉调味。

○ 最后将调制好的汤品盛入碗中，再加入煮好的绿扁豆即可。

菰米鳕鱼汤

10 分钟

45~60 分钟

4 人份

牛皮菜 400 克

鳕鱼鱼排 400 克

菰米 80 克

荷兰豆 1 把

鱼肉高汤 1 升

柠檬半个

○ 将牛皮菜清洗干净并切块（去除底部含有粗纤维的部分）。接着将柠檬皮洗净、切丝，将鳕鱼鱼排洗净后切成 2 段。然后按照包装盒上的食用说明将洗净的菰米煮熟。

○ 在煮菰米的同时，将鱼肉高汤倒入大号平底锅中煮沸，然后放入鳕鱼鱼排段，用文火继续煮 4 分钟，再放入切好的牛皮菜块和清洗干净的荷兰豆，用文火炖煮约 8 分钟。最后加入盐、胡椒粉、柠檬皮丝和煮熟的菰米即可。

小茴香蟹肉面汤

5 分钟

20 分钟

4 人份

螃蟹肉 100 克

意式米粒面 120 克

海鲜高汤 1 升

千禧果 200 克

玉米罐头 140 克

小茴香 3 根

- 将千禧果清洗干净，再将玉米粒沥干水分。
- 在大号平底锅中倒入海鲜高汤，煮沸。在煮沸的汤中加入意式米粒面和千禧果，用文火将全部食材炖煮 12 分钟，然后取出千禧果皮。
- 在锅中加入螃蟹肉块和玉米粒，并炖煮 5 分钟。接着加入盐和胡椒粉调味。最后将做好的汤品盛入碗中，并撒上切好的小茴香叶碎即可。

黑线鳕鱼凉汤

10 分钟

30~35 分钟烹饪并冷藏

4 人份

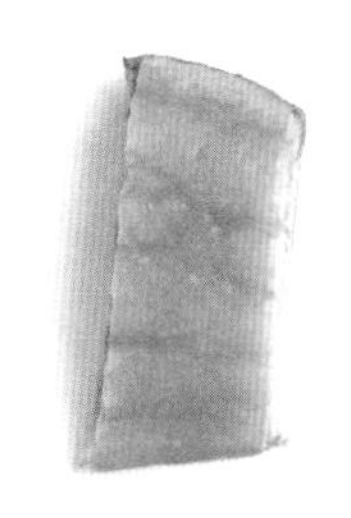

熏制黑线鳕鱼鱼排 100 克

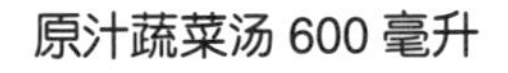

原汁蔬菜汤 600 毫升

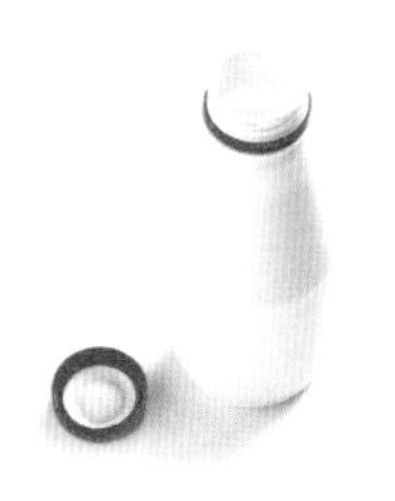

液体奶油 200 毫升

小茴香 3 根

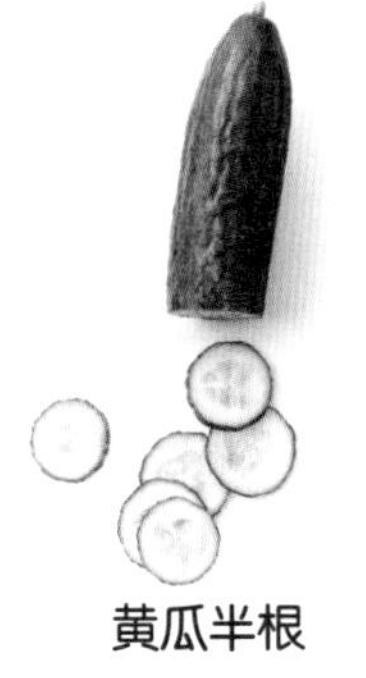

黄瓜半根

土豆 500 克

○ 将黑线鳕鱼鱼排洗净后切段，再将黄瓜洗净、去皮后切成小丁备用。然后将土豆洗净、去皮并切成小块。将土豆块加入到原汁蔬菜汤中炖煮 20~25 分钟。煮好后，盛出一半的土豆块备用，将剩余的土豆块压碎后留在汤中。

○ 将一半的黑线鳕鱼鱼排段和液体奶油混合后一起加热，然后在其中倒入留有土豆泥的汤，并搅拌均匀。随后将其放入冰箱保鲜冷藏。

○ 取出冷藏好的汤品，将其倒入盛有土豆块和剩余黑线鳕鱼鱼排段的碗中，再加入切好的小茴香叶碎和黄瓜丁，并用盐和胡椒粉调味即可。

泰式椰奶鸡汤

10 分钟

15 分钟

4 人份

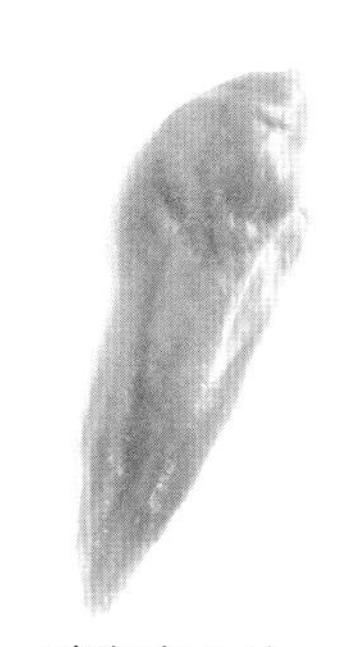
鸡胸肉 2 块

椰奶 300 毫升

原汁鸡汤 500 毫升

鱼露汁 2 汤匙

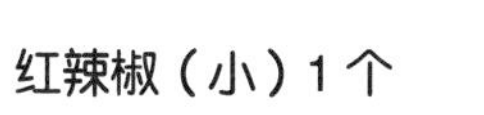
红辣椒（小）1 个

带叶子的小洋葱 2 棵

- 将鸡胸肉洗净并切块，将红辣椒切成圆片，再将带叶子的小洋葱洗净，然后切成薄片。
- 将红辣椒片、鱼露汁和原汁鸡汤放入大号平底锅中一起煮沸，随后倒入椰奶并搅拌均匀，再加入鸡胸肉块，用文火将全部食材炖煮 10 分钟，接着加入盐和胡椒粉调味。
- 将做好的汤品盛入碗中，撒上带叶子的小洋葱片即可。

绿咖喱鲜虾汤

5 分钟

15 分钟

4 人份

绿咖喱酱 100 克

熟虾 130 克

红椒 1 个

速冻小豌豆 100 克

椰奶 500 毫升

香菜 4 根

- 将红椒清洗干净并切成细长条。在大号平底锅内倒入 400 毫升水，放入一半的绿咖喱酱和切好的红椒条，将其一起煮沸，然后加入椰奶，转文火炖煮并持续搅拌。其间可先品尝一下，根据情况看是否需要再次加入绿咖喱酱。
- 接着放入熟虾和洗净的速冻小豌豆，用文火继续煮 5~6 分钟，并加入盐和胡椒粉调味。
- 将调制好的汤品盛入碗中，再撒上切好的香菜叶碎即可。

牛肉汤粉

15 分钟

10 分钟烹饪，10 分钟静置

4 人份

米线 160 克

嫩牛肉 200 克

原汁肉汤 1 升

红辣椒 1 个

带叶子的小洋葱 2 棵

鲜姜 90 克

○ 将带叶子的小洋葱洗净后切成薄片，将红辣椒洗净、切片，将鲜姜洗净、去皮并切成薄片，再将嫩牛肉切成薄片。

○ 按照外包装上的食用说明将米线提前煮熟并沥干水分。

○ 在大号平底锅内倒入原汁肉汤，加入鲜姜片和红辣椒片，将其一起煮沸，随后熄火，将汤静置 10 分钟备用。

○ 将煮好的米线、嫩牛肉片和带叶子的小洋葱片依次放入碗中，并在每碗米线上浇入 1 汤匙备用的汤汁即可。

椰奶孜然菜花汤

5 分钟

30 分钟

4 人份

菜花 1 千克

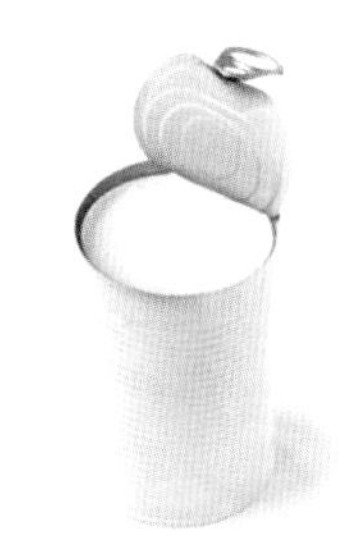

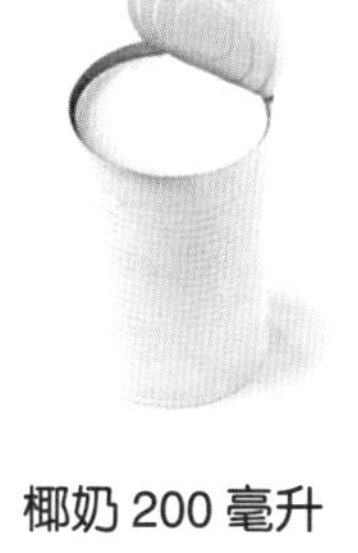

椰奶 200 毫升

孜然 2 茶匙

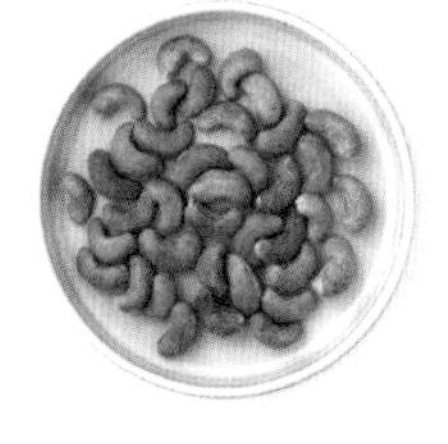

腰果仁 60 克

原汁蔬菜汤 1 升

香菜 4 根

- 将腰果仁放入煎锅中煸炒 4 分钟，直至其变得酥脆可口，然后将腰果仁磨碎备用。将菜花择成小块后洗净备用。

- 在大号平底锅内倒入原汁蔬菜汤和择好的菜花块，将其一起煮沸，接着转文火继续煮 20 分钟。随后从锅中取出 300 毫升的汤及汤中的食材，并加入椰奶、一半的孜然，混合均匀，此时可根据需要调节汤与食材的比例。之后加入盐和胡椒粉调味。

- 将调制好的汤品盛入碗中，撒上碎腰果仁、剩余的孜然和切好的香菜叶碎即可。

印式浓汤

10 分钟

45 分钟

4 人份

土豆 700 克

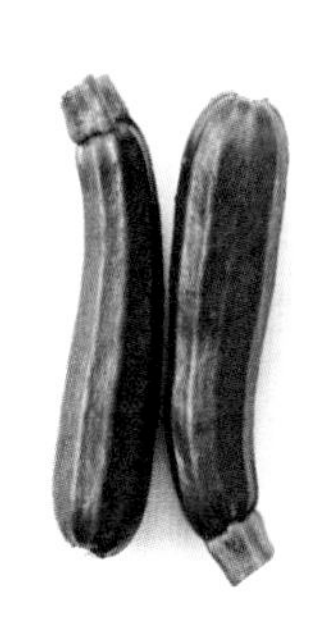

西葫芦 300 克

迷你玉米穗 1 盒

大蒜 2 瓣

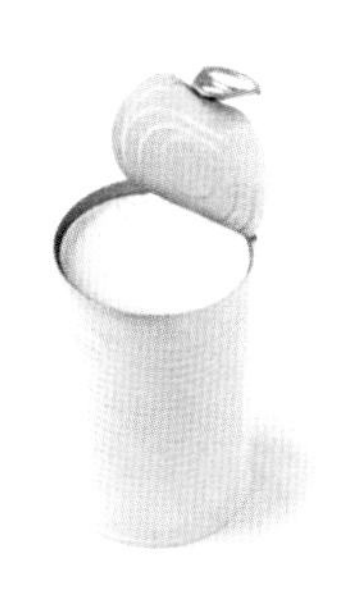

椰奶 500 毫升

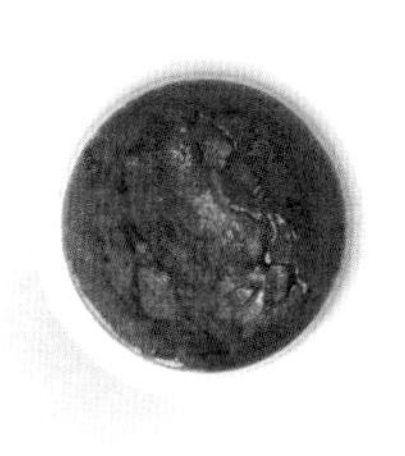

印度咖喱酱 90 克

○ 将土豆洗净后去皮，并切成圆片，将其在盐水中煮 20 分钟，然后取出，沥干水分。将西葫芦洗净后切成圆片，接着将大蒜去皮后切片。

○ 在大号平底锅内倒入 300 毫升水，加入大蒜片和一半的印度咖喱酱，将其一起煮沸。随后加入椰奶、切好的西葫芦片。可以先品尝一下，根据情况看是否需要再次加入印度咖喱酱。接着将锅内全部食材用小火煮 15 分钟。最后在锅内加入土豆片和沥干水分的迷你玉米穗，继续炖煮 5 分钟，并加入盐和胡椒粉调味即可。

黄咖喱鳕鱼汤

5 分钟

20 分钟

4 人份

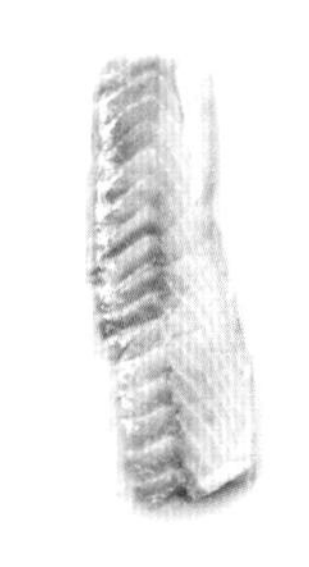
鳕鱼鱼排 200 克

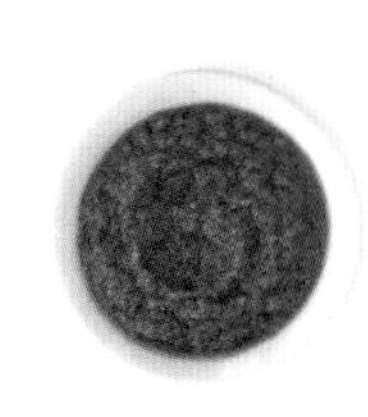
黄咖喱酱 100 克

香茅草 3 根

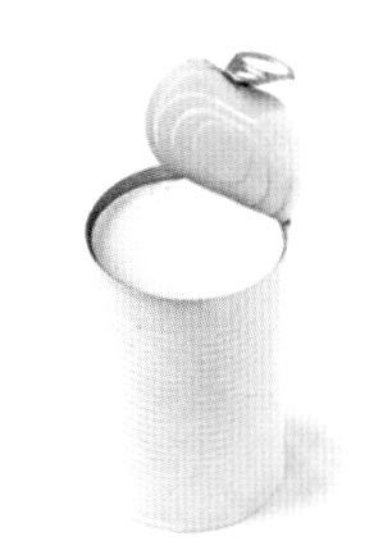
椰奶 500 毫升

米线 150 克

薄荷 2 株

- 将香茅草洗净，每根切成 2 段。将鳕鱼鱼排洗净并竖着对半切开。然后按照外包装的食用说明将米线煮熟并沥干水分备用。

- 将 400 毫升水、一半的黄咖喱酱和香茅草段一起放入锅中煮沸。然后加入椰奶并搅拌均匀，可以先试尝一下，根据情况看是否需要再次加入黄咖喱酱。接着放入切好的鳕鱼鱼排块，用文火继续煮 12 分钟。

- 最后加入准备好的米线，再放入盐和花椒粉调味，并撒上切好的大块薄荷叶即可。

中式浓汤

 10 分钟

 15 分钟

 4 人份

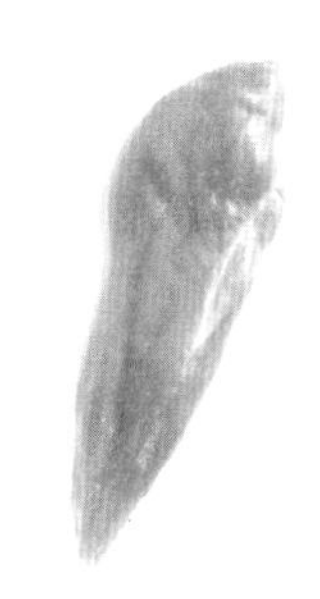

鸡胸肉 300 克

味噌调料块 60 克

米线 150 克

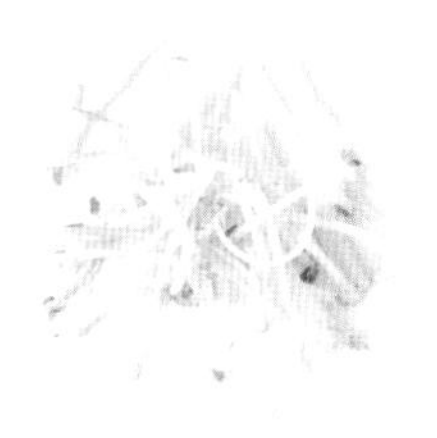

豆芽 150 克

香茅草 3 根

蔬菜春卷 4 个

- 将鸡胸肉洗净后切成条备用。将豆芽清洗干净。然后将香茅草洗净并切段。将蔬菜春卷对半切开。随后按照外包装盒上的食用说明将米线煮熟并沥干水分备用。

- 将香茅草段、味噌调料块（若喜好更浓郁的口味，可增加味噌的数量）和 1 升水放入锅中煮沸。然后加入切好的鸡肉条，用文火继续炖煮 8 分钟。熄火后加入准备好的米线，并放入盐和胡椒粉调味。

- 最后将调制好的汤品盛入碗中，并配上豆芽和蔬菜春卷块一起食用即可。

红咖喱意式方饺汤

5 分钟

25 分钟

4 人份

新鲜意式方饺 250 克

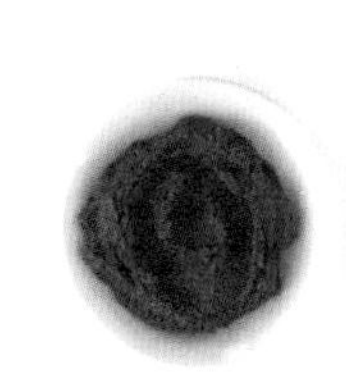
红咖喱酱 100 克

带叶子的小洋葱 2 棵

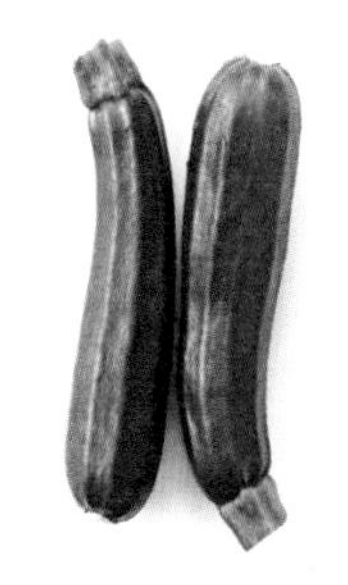
西葫芦（大）1 根

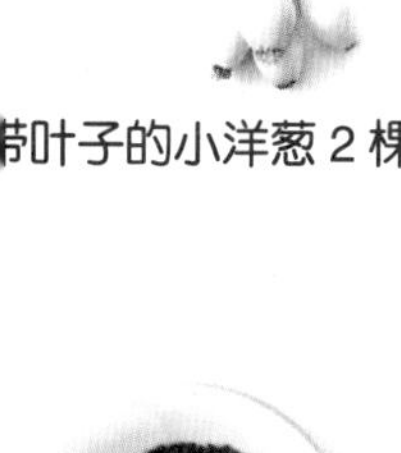
黑芝麻子 2 汤匙

椰奶 500 毫升

○ 将带叶子的小洋葱洗净后切碎。将黑芝麻子放入长柄煎锅中煸炒 3~4 分钟，直至水分全部蒸发。将西葫芦洗净后切成约 5 厘米 × 2 厘米 ×1 厘米大小的块。

○ 在大号平底锅内倒入 400 毫升水和一半的红咖喱酱，将其煮沸，然后加入椰奶和切好的西葫芦块。其间可以先试尝一下，根据情况看是否需要再次加入红咖喱酱。将全部食材用文火炖煮 10 分钟后，加入新鲜的意式方饺继续煮 5 分钟。

○ 最后加入切好的带叶子的小洋葱碎，放入盐和胡椒粉调味，并撒上煸炒好的黑芝麻子即可。

味噌蘑菇汤

10 分钟

20 分钟

4 人份

味噌调料块 60 克

蘑菇 250 克

豆腐 160 克

小麦面条 150 克

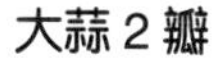

大蒜 2 瓣

白芝麻子 2 汤匙

○ 将白芝麻子放入煎锅中，用中火干炒 3~4 分钟，将其炒至呈金黄色。将大蒜去皮后切片。然后将蘑菇清洗干净，去除根蒂部分，并将每个蘑菇切成 4 块。接着将豆腐切成小块。

○ 在大号平底锅内倒入 1 升水，放入味噌调料块和大蒜片（若喜好更浓郁的口味，可增加味噌的数量），将其一起煮沸。

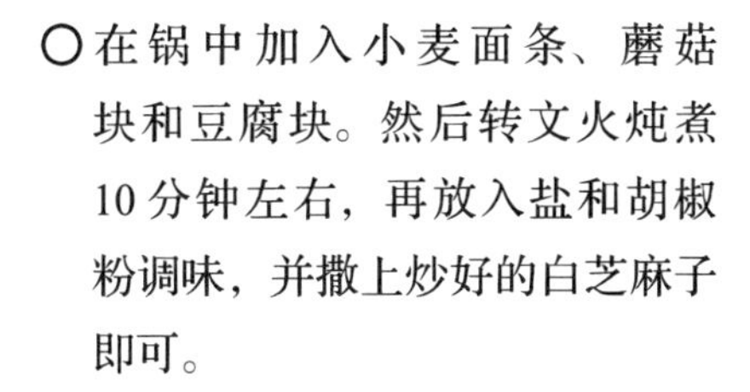

○ 在锅中加入小麦面条、蘑菇块和豆腐块。然后转文火炖煮 10 分钟左右，再放入盐和胡椒粉调味，并撒上炒好的白芝麻子即可。

味噌芦笋汤

10 分钟

15 分钟

4 人份

味噌调料块 60 克

青芦笋 12 根

香葱半把

鸡蛋 4 个

米粉 150 克

大蒜 1 瓣

○ 在平底锅内用沸水将鸡蛋煮 7 分钟，然后剥去蛋壳，将鸡蛋对半切开，并保留蛋黄备用。将香葱洗净、切碎，大蒜去皮后切薄片，将青芦笋去除根部，削除从底部到顶部的表皮，之后将其竖着对半切开备用。

○ 将 1 升水倒入锅中，然后加入准备好的味噌调料块（若喜好更浓郁的口味，可增加味噌的数量），将其煮沸。随后加入米粉和切好的青芦笋段，继续炖煮 5 分钟，并撒入盐和胡椒粉调味。

○ 将调制好的汤品盛入碗中，再放入备用的蛋黄、大蒜片和香葱碎即可。

甜菜拉面汤

5 分钟

20 分钟

4 人份

味噌调料块 60 克

煮熟的拉面 350 克

甜菜 250 克

菠菜叶 1 把

○ 将甜菜洗净、去皮并切成薄片。在大号平底锅内倒入 1 升水，放入味噌调料块（若喜好更浓郁的口味，可增加味噌的量）和切好的甜菜片，将其煮沸。之后转成小火继续煮约 15 分钟。

○ 在熄火前 4 分钟放入煮熟的拉面，然后在出锅后加入盐和胡椒粉调味，并撒上洗净的菠菜叶即可。

椰奶菠菜汤

5 分钟

10 分钟

4 人份

菠菜叶 160 克

原汁鸡汤 1 升

煮熟的拉面 200 克

大蒜（小）3 瓣

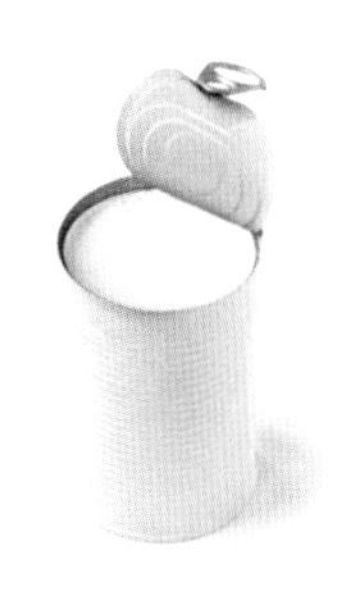
椰奶 100 毫升

芝麻油 4 汤匙

- 将大蒜去皮后切成厚片。
- 在大号平底锅内倒入原汁鸡汤，放入煮熟的拉面和大蒜片，将其一起煮沸，然后再用文火炖煮 4 分钟。
- 待熄火后加入椰奶、洗净的菠菜叶和芝麻油。最后撒入盐和胡椒粉调味即可。

豌豆鸡蛋面汤

5 分钟

20 分钟

4 人份

味噌调料块 60 克

小麦面条 120 克

速冻小豌豆 100 克

西蓝花 1 棵

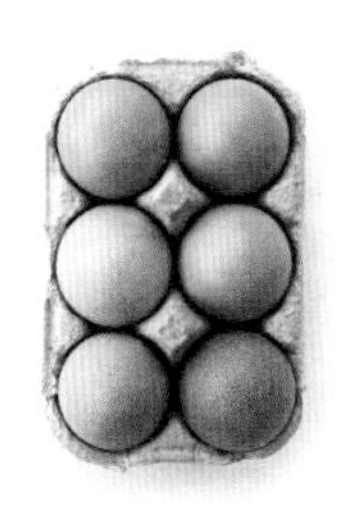
鸡蛋 2 个

红辣椒 1 个

- 将西蓝花择成小块并洗净，将红辣椒洗净、切碎。
- 将鸡蛋放入沸水中煮 6 分钟，然后取出，待其冷却后去皮，并对半切开。
- 在大号平底锅内放入 1.2 升水并放入味噌调料块，将其煮沸，然后加入小麦面条，继续煮 5 分钟。接着加入西蓝花块和洗净的速冻小豌豆，并继续炖煮 5 分钟。最后加入盐和胡椒粉调味。将调制好的汤品盛入碗中，搭配上切好的鸡蛋一起食用即可。

卷心莴苣椰汁鲜姜汤

5 分钟

10 分钟

4 人份

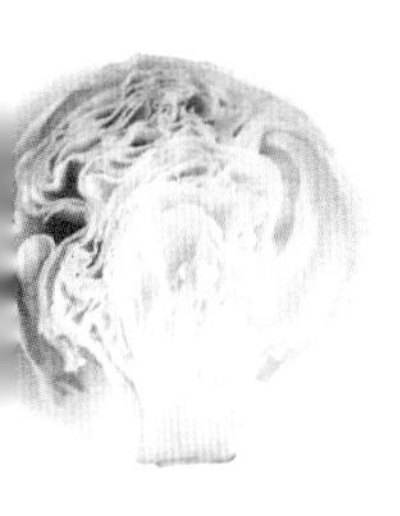

卷心莴苣 150 克

小麦面条 140 克

原汁鸡汤 1 升

鲜姜 100 克

椰奶 200 毫升

香菜 4 根

- 将卷心莴苣清洗干净并切块。将鲜姜洗净、去皮并切片。
- 在大号平底锅内放入原汁鸡汤和鲜姜片，将其一起煮沸。随后放入小麦面条，用文火继续煮 5 分钟，再加入椰奶。
- 最后加入盐和胡椒粉调味，并放入切好的卷心莴苣块和香菜碎即可。

黑芝麻甜菜汤

10 分钟

35 分钟

4 人份

甜菜 850 克

苹果半个

洋葱半头

原汁蔬菜汤 1 升

橄榄油少许

黑芝麻子 2 汤匙

- 用煎锅将黑芝麻子煸炒 3 分钟。然后将甜菜、苹果和洋葱洗净、去皮，并切成小块。
- 在大号平底锅内倒入少许橄榄油并加热，然后放入洋葱块，用文火煎 4 分钟，再加入切好的甜菜块和苹果块，并倒入原汁蔬菜汤。将全部食材一起炖煮 25 分钟。
- 可以根据需要调节汤与食材的比例。之后放入盐和胡椒粉调味，并撒上炒好的黑芝麻子即可。

排毒养生汤

姜黄胡萝卜汤

10 分钟

35 分钟

4 人份

胡萝卜 750 克

姜黄粉 1 茶匙

原汁蔬菜汤 1 升

鲜姜 1 块
（5 厘米长）

香芹 3 根

橄榄油少许

- 将胡萝卜洗净、去皮后切成薄片。将鲜姜洗净、去皮后切成碎末。然后将香芹洗净并切段。
- 在大号平底锅内倒入少许橄榄油，用文火加热，然后放入姜黄粉、2 汤匙鲜姜末和胡萝卜片，将全部食材煎炒 5 分钟。随后倒入原汁蔬菜汤，继续炖煮 25 分钟左右。
- 从锅中取出一部分汤及汤中的食材，可根据需要调节汤与食材的比例。最后加入盐和胡椒粉调味，并撒上香芹段即可。

排毒养生汤

朝鲜蓟芝麻菜汤

 15 分钟

 10 分钟

4 人份

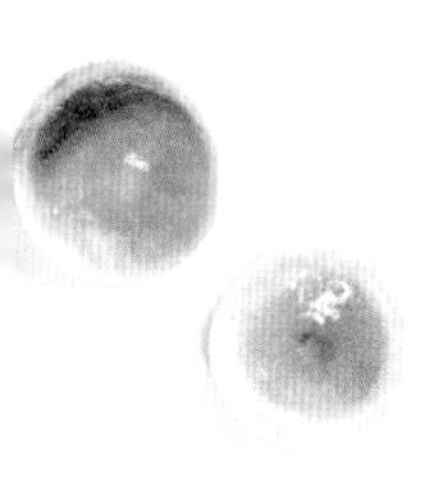

速冻朝鲜蓟 600 克

芝麻菜 1 把

原汁鸡汤 1 升

柠檬半个

香芹 3 根

大蒜半瓣

○ 将速冻朝鲜蓟解冻，然后去除外皮，只留下最底部食材（主要指花瓣的根部），切块备用。将香芹洗净后切大段，再将大蒜去皮、压碎，然后取下半份柠檬皮洗净、切丝备用。

○ 在大号平底锅内倒入原汁鸡汤，将其煮沸，随后加入朝鲜蓟块和洗净的芝麻菜，将其一起炖煮 5~7 分钟。

○ 从锅中取出一部分汤及汤中的食材，可根据需要调节汤与食材的比例。

○ 最后加入盐和胡椒粉调味，并撒上切好的柠檬皮丝、大蒜碎末和香芹段即可。

排毒养生汤

西蓝花鲜姜汤

10 分钟

15 分钟

4 人份

西蓝花 1 棵

鲜姜 1 块
（5 厘米长）

原汁鸡汤 1.2 升

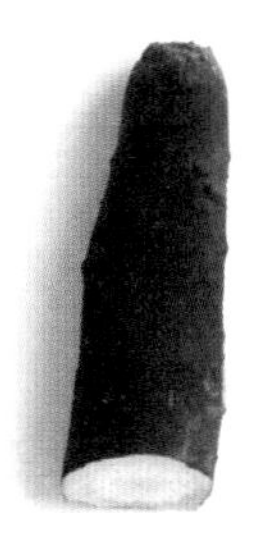
黑萝卜 40 克

香菜 3 根

○ 将黑萝卜洗净、去皮后切成非常薄的圆片。将西蓝花择成小块并洗净。将鲜姜洗净、去皮后，切出 1 汤匙左右的碎末。

○ 在大号平底锅内将原汁鸡汤煮沸，随后倒入西蓝花块和鲜姜末，用文火将全部食材一起炖煮 10 分钟。

○ 从锅中取出一部分汤及汤中的食材，可根据需要调节汤与食材的比例。之后加入盐和胡椒粉调味。将调制好的汤品盛入碗中，再放上切好的黑萝卜片和香菜叶碎即可。

香蒜白菜汤

 10 分钟

 10～15 分钟

 4 人份

大蒜 1 瓣

白菜半棵

柠檬半个

原汁鸡汤 1.2 升

香葱半把

- 去除白菜最外层的叶子，然后将剩余部分洗净并切成大块（3 厘米 ×4 厘米左右）。再将大蒜去皮，之后切成薄片，将香葱洗净、切碎。接着将柠檬洗净，切成 5 片薄片。
- 在大号平底锅内倒入原汁鸡汤，将其煮沸，然后放入切好的白菜块和柠檬片，继续用文火炖煮 5~7 分钟。
- 最后撒入香葱碎和大蒜片，再放入盐和胡椒粉调味即可。

冷食

甜汤

葡萄柚石榴汤

葡萄柚 4 个

石榴半个

榛子仁 20 克

糖 50 克

薄荷 2 株

 10 分钟

 13 分钟烹饪，1～2 小时冷藏

 4 人份

○ 用平底煎锅将榛子仁煸炒至松脆，然后碾碎。将石榴剥皮后取出石榴子。然后将葡萄柚去皮并取出果肉，留出精华果肉部分放在一旁备用，之后将其余果肉榨汁。

○ 将榨好的葡萄柚果汁和一半的精华果肉加糖煮 10 分钟。煮好后，过滤掉汤汁中残余的果肉，并将其放入冰箱保鲜冷藏 1~2 个小时。

○ 将薄荷叶洗净、切碎。取出冷藏好的汤汁，将其盛入碗中，并加入另一半的葡萄柚果肉、榛子仁碎、石榴子，最后撒上薄荷叶碎即可食用。

冷食

甜汤

李子干无花果汤

20 分钟

20 分钟烹饪，1～2 小时冷藏

4 人份

李子干 350 克

鲜姜（小）1 块

覆盆子 12 颗

无花果 3 个

奇亚子 1 汤匙

苹果汁 700 毫升

○ 将鲜姜洗净、去皮，然后切出 1 茶匙左右的姜末备用，接着将剩余的鲜姜用擦丝器擦成长丝。将覆盆子洗净并切片。之后将无花果洗净，切成薄片。

○ 在大号平底锅内依次倒入苹果汁、鲜姜末和李子干，将其煮沸，然后用中火继续煮 15 分钟。待熄火后，将汤汁过滤出来，并放入冰箱保鲜冷藏 1~2 个小时。

○ 取出冷藏好的汤汁，将其倒入碗中，放入切好的无花果片、覆盆子片和鲜姜丝，再撒上奇亚子即可。

草莓青柠汤

15 分钟

20 分钟烹饪，1～2 小时冷藏

4 人份

草莓 1 千克

青柠檬 1 个

鲜姜 1 块（5 厘米长）

杏仁片 4 汤匙

糖 60 克

- 将青柠檬洗净后取皮切丝，并将果肉榨汁。将草莓洗净后去除叶蒂部分，然后取 800 克切块（每颗草莓对半切开）。将鲜姜洗净、去皮并切成碎末，大约是 2 茶匙的量。之后将杏仁片放入平底煎锅中干炒至其变得松脆。
- 将切好的草莓块、鲜姜末、柠檬汁、糖和适量的水一起煮沸，然后用中火煮 15 分钟。待熄火后，过滤出汤汁，并将其放入冰箱保鲜冷藏 1~2 个小时。
- 取出冷藏好的汤汁，将其倒入碗中，并将剩余的草莓分别切成 4 块放入碗中，再撒上杏仁片和青柠檬皮丝即可。

冷食

甜汤

菠萝甜瓜薄荷汤

25 分钟

20 分钟烹饪，1～2 小时冷藏

4 人份

菠萝 1 千克

薄荷 2 株

绿甜瓜 700 克

柠檬 1 个

糖 50 克

- 将青皮蜜瓜去皮，取果肉切成小块（这里保留 100 克青皮蜜瓜不切块）。将菠萝去皮，取一部分果肉切成 8 片薄片，然后将剩余果肉切成小块。将薄荷洗净、切碎，将柠檬榨汁备用。

- 在大号平底锅内倒入切好的菠萝块、糖、柠檬汁、青皮蜜瓜块和适量的水，将其一起煮沸，然后用文火煮 15 分钟。待熄火后，过滤出汤汁，将其放入冰箱保鲜冷藏 1~2 个小时。

- 将没有切块的青皮蜜瓜切成小丁。取出冷藏好的汤汁并将其倒入碗中。加入切好的青皮蜜瓜丁、菠萝片和薄荷叶碎末即可。

冷食

开心果桃子汤

 25 分钟

 20 分钟烹饪，1～2 小时冷藏

 4 人份

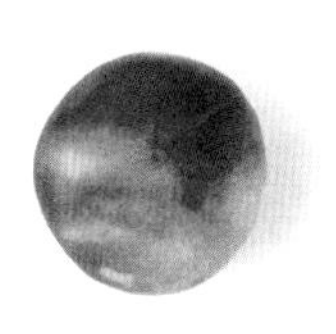

桃子 1.1 千克

开心果果仁 2 汤匙

鲜姜 1 块
（5 厘米长）

槐花蜂蜜少许

薄荷 2 株

糖 2 汤匙

○ 取出 1 个桃子备用，将剩余桃子洗净、去皮、去核并切块。将鲜姜洗净、去皮，然后切出 2 茶匙左右的姜末，再将开心果果仁碾碎备用。

○ 在大号平底锅内倒入 100 毫升水，放入桃子块和鲜姜末，将其一起煮沸，接着用文火继续煮 15 分钟。待煮好后，过滤出汤汁，然后将其放入冰箱保鲜冷藏 1~2 个小时。

○ 将薄荷叶洗净、切碎。然后将备用桃子洗净、去皮、去核并切成薄片。取出冷藏好的汤汁，将其倒入碗中，放入切好的桃子薄片、碎开心果仁、薄荷叶碎末和槐花蜂蜜即可。

西瓜桑葚汤

25 分钟

10 分钟

4 人份

无子西瓜 1.8 千克

桑葚 125 克

柠檬半个

香蕉 1 根

杏仁 30 克

○ 将桑葚清洗干净。将香蕉去皮、切片。再将柠檬榨汁。然后将杏仁放入已预热至 180℃的烤箱中烘烤 10 分钟，之后将其取出并碾碎。将无子西瓜去皮、切片，再将其中的 2 片切成小丁，其余的切成大块。

○ 将切好的大块西瓜果肉和 1 汤匙柠檬汁混合，然后倒入碗中，再放入切成小丁的西瓜果肉、桑葚、香蕉片和杏仁碎即可。

樱桃杏仁汤

10 分钟

25 分钟烹饪，1～2 小时冷藏

4 人份

樱桃 900 克

杏仁香精 1 茶匙

杏仁片 4 汤匙

糖 3 汤匙

柠檬半个

- 将樱桃洗净并去除果梗部分，然后将每个樱桃对半切开，再去核。接着将杏仁片放入平底煎锅中，用中火干炒 5 分钟。将柠檬榨汁备用。
- 在大号平底锅内将 100~150 毫升水、樱桃（留出 1 把左右的量备用）、1 汤匙柠檬汁和糖一起煮沸，然后用文火继续煮 15 分钟。待全部食材混合均匀后，加入杏仁香精。如果混合后的汤汁过于浓稠，可再加入水进行调节。煮好后，将汤汁放入冰箱保鲜冷藏 1~2 个小时。
- 取出冷藏好的汤汁，将其倒入碗中，再加入切好备用的樱桃和烤制好的杏仁片即可。

蓝莓草莓汤

5 分钟

20 分钟烹饪，1～2 小时冷藏

4 人份

速冻蓝莓 350 克

新鲜草莓 750 克

糖 50 克

奶油夹心烤蛋白（小）4 个

- 将新鲜草莓洗净后去除根蒂部分，然后切块（留出 150 克新鲜草莓不切块）。
- 在大号平底锅内放入切块的新鲜草莓、速冻蓝莓（留出 1 把的量备用）、糖和适量的水，将其煮沸，然后用文火继续熬煮 15 分钟。煮好后，过滤出汤汁，并将其放入冰箱保鲜冷藏 1~2 个小时。
- 取出冷藏好的汤汁，将其倒入碗中，加入备用的新鲜草莓（将每颗新鲜草莓切成 4 块）、备用的蓝莓和奶油夹心烤蛋白即可。

配料索引

图书在版编目（CIP）数据

元气汤 / (法) 莱纳·克努森著 ; (法) 理查德·布坦摄影 ; 张蔷薇译. — 北京 : 北京美术摄影出版社, 2018.12
(超级简单)
书名原文：Super Facile Soupe
ISBN 978-7-5592-0188-1

Ⅰ. ①元… Ⅱ. ①莱… ②理… ③张… Ⅲ. ①汤菜—菜谱 Ⅳ. ①TS972.12

中国版本图书馆CIP数据核字(2018)第213730号

北京市版权局著作权合同登记号：01-2018-2837

责任编辑：董维东
助理编辑：刘 莎
责任印制：彭军芳

超级简单

元气汤

YUANQITANG

[法] 莱纳·克努森 著
[法] 理查德·布坦 摄影
张蔷薇 译

出 版 北京出版集团公司
北京美术摄影出版社
地 址 北京北三环中路6号
邮 编 100120
网 址 www.bph.com.cn
总发行 北京出版集团公司
发 行 京版北美（北京）文化艺术传媒有限公司
经 销 新华书店
印 刷 鸿博昊天科技有限公司
版印次 2018年12月第1版第1次印刷
开 本 635毫米 × 965毫米 1/32
印 张 4.5
字 数 50千字
书 号 ISBN 978-7-5592-0188-1
定 价 59.00元
如有印装质量问题，由本社负责调换
质量监督电话 010-58572393